PRÉCIS HISTORIQUE

LES MINES DE HOUILLE

DE BRASSAC.

PRÉCIS HISTORIQUE

SUR

LES MINES DE HOUILLE DE BRASSAC (1),

Depuis leur ouverture jusques en 1836 ;

PAR M. BAUDIN, INGÉNIEUR DES MINES.

L'EMPLOI du charbon de terre comme combustible, et partant son exploitation, est loin de remonter à une haute antiquité.

On place au XIIIe siècle, en l'année 1231, **1231.** l'ouverture (à Newcastle en Angleterre, et Glascow en Ecosse) des premières mines de houille.

En France, nos richesses houillères paraissent n'avoir été mises en valeur que plus tard encore.

La question d'hygiène publique, soulevée, **1520.** en 1520, par l'emploi, dans Paris, de la

---

(1) Je ne me dissimule point tout ce qu'offre de vague et d'incomplet ce court exposé historique, aussi ne le présenté-je que comme un cadre que j'espère pouvoir remplir à la longue par de nouvelles recherches, et surtout par le dépouillement encore non entrepris des archives de l'intendance de l'ancienne province d'Auvergne.

1

houille importée d'Angleterre , question traitée le 15 juillet 1520, par la faculté de Paris, à la requête du parlement et du prévôt de la ville, donne à penser que l'usage de la houille dans cette importante cité ne date guère que de cette époque, c'est-à-dire, que du commencement du xvie siècle (1).

La tradition qui, pour le bassin de Brassac, ne fait remonter qu'au xve siècle les premières exploitations, s'accorde assez bien avec cet emploi si tardif de la houille à Paris, et avec la lenteur qu'une semblable innovation industrielle dut mettre à pénétrer dans cette province centrale (2).

Cette tradition s'accorde encore avec le fait de l'exploitation de la houille sur un autre point de l'Auvergne, constaté par un titre authentique de 1531, aux mains de M. de Lalo, de Mauriac (titre, pour le dire en passant, le plus ancien qui ait encore été signalé dans l'histoire de nos houillères).

Ce point exploité, dès 1531, est le lieu de

(1) Renseignement extrait de l'ouvrage intitulé les Anciens Minéralogistes du royaume de France.

(2) La tradition locale attribue à un sieur Ravez, habitant du lieu de Lamothe, près Brioude, l'ouverture des premières mines de houilles, dans le 15e siècle.

Champleix, près Vendes, commune de Bassignac (Cantal), dont mention est faite dans un manuscrit des archives du château de Miremont, en les termes suivants :

En 1531, le 5 septembre, le seigneur de Miremont reçoit les lods d'une terre appelée de la Charboneira, située à Vendes, au territoire del Champlès, confrontant avec la charboneira des héritiers Marchaval.

Or, si, en 1531, la houille était exploitée dans l'inaccessible et pauvre pays de Vendes, on peut certainement affirmer que le bassin de Brassac avait aussi ses mines de houilles, ses *charboneira*, et même il les devait avoir depuis déjà long-temps.

La législation minérale en France, aux xv°, xvi° et xvii° siècles, telle qu'elle résultait des édits et ordonnances de nos rois, notamment des édits de

Charles VI, du 4 mai 1413 ;
Louis XI, septembre 1471 ;
Henri II, 10 octobre 1552 ;
Henri IV, juin 1601 ;
Henri IV, juin 1604 ;

Quoique attribuant au souverain, par une dérivation du droit régalien des empereurs romains, la propriété du dixième des produits bruts des mines ;

Quoique lui conférant, à l'égard des propriétaires de la surface, le droit de dépossession, moyennant indemnité pour le cas de mines qu'il n'aurait voulu ou pu exploiter, et le droit de concession à autres *gens recréants et solvables ;*

Consacrait cependant, hors ce double cas, dont l'appréciation était du reste livrée à l'arbitraire, le droit, pour le propriétaire, de rechercher et exploiter toutes mines existant dans son fonds.

C'est sous l'empire de cette législation que s'ouvrirent, en France, les premières mines de houille.

Et si l'on songe que les besoins des consommateurs, d'abord presque nuls, ne grandirent que lentement, à fur et mesure de la destruction des bois, du développement des arts métallurgiques, et de l'amélioration des voies de transport ;

Si l'on songe que les premières mines ouvertes ne durent exiger ni capitaux ni connaissances spéciales, exploités que furent les affleurements des couches, ou à ciel ouvert, comme de véritables carrières, ou, du moins, par des travaux très-peu profonds ;

On sera convaincu que des siècles durent s'écouler avant que l'exploitation de ces mines réclamât ou capitaux ou connaissance, avant qu'il y eût lieu d'appliquer, au profit des *gens recréants et solvables*, le pouvoir laissé au suzerain de déposséder le propriétaire ; avant, en un mot, que l'exploitation de la houille prît quelque importance, soit comme industrie, soit comme art.

Aussi ne voit-on pas que le privilége d'exploiter les mines de charbon du royaume, octroyé, en 1548, par Henri II, au sieur de Roberval, privilége qui constitue le premier acte de l'autorité souveraine en France, relativement à la houille, ait été suivi d'aucun effet, et, plus d'un demi-siècle après, l'édit de juillet 1601, par lequel Henri IV fait abandon de son dixième royal sur les mines de houille, pour en faciliter la recherche et l'exploitation, vient-il témoigner de l'état peu développé, même à cette époque, de l'industrie houillère en France.

Pour ce qui est de l'Auvergne particulièrement, les preuves en ressortent assez claires de quelques titres qui datent de la dernière moitié de ce même siècle (XVII⁰); et cependant, dès 1644, une voie importante d'écoulement, le canal de Briare, commencé sous Henri IV, terminé sous Louis XIII, était déjà ouverte aux produits de cette partie de la France ; et cependant, dès 1667, Louis XV, pour protéger l'industrie houillère du royaume, avait frappé les houilles étrangères d'un droit de douane équivalent à o,97 par cent kilog.

Il résulte d'un bail de la charbonnière du Grosmenay (Grosménil), passé par les consuls de la commune de Sainte-Florine, le 15 août 1667, au profit des sieurs Duvert et consorts, et d'un sous-bail du 31 même mois, passé par ces derniers au profit de dix ouvriers charbonniers de la commune de Sainte-Florine, moyennant part déterminée aux produits bruts de l'exploitation, que ladite charbonnière qui, vu la puissance de la couche, devait être alors, comme aujourd'hui, l'une des plus importantes et des plus profondes du pays, sinon la plus importante et la plus profonde, était affermée par la commune pour la modique somme de 300 livres ;

Qu'elle n'occupait que dix ouvriers, que le seul moteur était la force des bras, que les travaux, desservis par deux puits, dont l'un, dit l'Effumadou, ne servait qu'à donner de l'air, n'avaient encore atteint que la profondeur d'environ 30 toises ou 60 mètres (ils sont aujourd'hui à près de 250 mètres) ;

Que le prix de la houille en gros, sur le

carreau de la mine, était de deux sous le carton, soit, ce carton, tenant 52 livres de houille; de dix sous l'hectolitre ras, de 80 kilog.

Ainsi, de petites extractions à bras, à l'aide de *tourniquets*, par puits accouplés de 10 à 30 toises de profondeur, extractions ouvertes selon le bon plaisir des propriétaires de la surface, et par eux affermées, moyennant part en nature aux produits, à de simples ouvriers associés. Tel était encore, à la fin du xviie siècle, l'état de l'industrie houillère en Auvergne, état déplorable qui, sans grand profit pour la génération d'alors, dut grever lourdement l'avenir des exploitations houillères.

Heureusement la force des choses, au défaut de la législation, devait mettre un terme à ce gaspillage de la richesse souterraine.

Un premier essai de centralisation des humbles mines d'Auvergne est tenté, dès 1697, par deux spéculateurs parisiens, sieurs Jacques Vacherot et Mathieu Courtiade.

Voici quelles circonstances amenèrent et firent échouer leurs projets.

Un arrêt du conseil royal, du 16 juillet 1689, avait accordé au sieur duc de Montansier, ses hoirs, successeurs et ayants cause,

16 juillet 1689.
Louis xiv.

pendant le temps de quarante années, le don et permission de faire ouvrir et fouiller, en *dédommageant préalablement les propriétaires de gré à gré*, toutes les mines et minières de charbon de terre qu'il pourrait découvrir dans l'étendue des terres et seigneuries de l'obéissance de Sa Majesté, à la réserve néanmoins de celles du Nivernais, déjà concédées au sieur duc de Nevers.

29 avril 1692.

Un second arrêt du même conseil, du 29 avril 1692, avait confirmé, en faveur de la duchesse d'Uzès, fille unique et seule héritière du duc de Montansier, le don à lui fait.

Lettres patentes de Sa Majesté avaient été expédiées, en conséquence, le 5 mai 1693, et enregistrées, ainsi que les deux arrêts de 1689 et 1692, par arrêt du parlement de Paris, du 1er septembre 1693.

C'est, forte de ces titres, que la duchesse d'Uzès, par traité passé devant les notaires du Châtelet de Paris, le 9 août 1693, *subroge les sieurs Vacherot et Courtiade, pour le temps de quinze années ou le temps dudit don restant à expirer, à leur choix, en son droit pour l'exploitation des mines de charbon de terre, ouvertes dans les provinces d'Auvergne et du Forez, sans sa participation et consentement depuis la concession dudit don, et au droit et faculté de faire l'ouverture des autres mines qu'ils pourront découvrir, et ce, moyennant* 2,500 *livres par an.*

La duchesse d'Uzès, on le voit, vendait, par ce traité, plus qu'elle n'avait.

Car ce privilége, immense en apparence, et qu'elle qualifiait de *don fait à elle de toutes les mines et minières de charbon de terre du royaume,* se réduisait, au fond, à fort peu de chose, ne faisant qu'autoriser l'exploitation des mines que pourrait *découvrir et acheter, de gré à gré,* le donataire, *sans exclusion de tous autres propriétaires et exploitants, et partant ne lui conférant aucun droit sur les mines ouvertes par autres depuis le don.*

Aussi les acquéreurs partiels pour l'Auvergne et le Forez, du privilége de la duchesse, attendirent-ils, pour le faire valoir, que les difficultés qu'avait déjà rencontrées, dans d'autres provinces, son abusive application, fussent levées par le crédit tout-puissant de la famille d'Uzès, et que ses droits fussent convenablement étendus par décision souveraine.

C'est à ces fins, qu'à la requête de la famille d'Uzès, intervinrent deux nouveaux arrêts du conseil royal.

L'un, du 19 janvier 1694, portant attri- 19 janvier 1694.

bution de juridiction aux sieurs intendants et commissaires départis dans les provinces, pendant le temps de trois années, de la connaissance des procès et différends qui pourraient survenir à l'occasion desdites mines et minières.

L'autre, du 4 janvier 1695, par lequel *Sa Majesté ordonne que la duchesse d'Uzès pourra faire ouvrir et fouiller toutes les mines de charbon de terre qu'elle découvrira, conformément à l'arrêt du 29 avril 1692, et lettres patentes du 5 mai en suivant, du consentement néanmoins des propriétaires, en les dédommageant préalablement de gré à gré suivant et ainsi qu'il sera convenu entre eux ; et à l'égard des mines ouvertes par lesdits propriétaires, Sa Majesté fait deffense à ladite dame duchesse d'Uzès, de les troubler dans leurs fouilles et dans la suite d'ycelles, sans qu'à l'avenir lesdits propriétaires puissent faire ouvrir les mines qui sont dans leurs fonds, sans le consentement de ladite dame duchesse d'Uzès, et de ceux qui auront ses droits.*

Cet arrêt, en rendant exclusif, à la duchesse d'Uzès, le droit d'ouvrir de nouvelles mines de houille, en dépouillant de ce droit le propriétaire du sol, soustrayait les mines à découvrir au déplorable système de morcellement qui avait, jusque-là, subordonné la propriété souterraine à celle de la surface.

L'arrêt de 1695 était donc un progrès dans notre législation minérale, un grand pas fait vers le système des concessions; mais comme les fruits qu'il devait porter ne pouvaient qu'être lents à se produire; comme le principe de concession que venait de poser le souverain ne fut point malheureusement exercé par lui, mais abandonné à un favori pour lequel il ne fut qu'un objet de spéculation, des abus révoltants s'ensuivirent, abus qui, étouffant le germe heureux que ce principe portait en lui-même, eurent pour résultat, ainsi que nous allons le voir, le prompt retrait de l'arrêt de 1695.

Cependant les sieurs Vacherot et Courtiade songent à exploiter la cession de privilége à eux faite par le traité du 9 août 1693.

A cet effet, par acte du 12 décembre 1695, ils subrogent à leurs droits pour la province d'Auvergne un sieur Pierre Tournant, qui se met aussitôt en mesure de les faire valoir; il est à ce aidé par le sieur duc d'Uzès, fils de la donataire de 1692, que l'on voit agir en personne dans toute la procédure à laquelle donne lieu sa mise en possession.

Les circonstances étaient favorables à la spéculation.

Par suite de la guerre allumée entre la France et l'Angleterre, à la faveur aussi du droit dont étaient frappées les houilles étrangères depuis 1667, droit porté en 1692 à 1 fr. 21 par 100 kilog., l'exploitation de la houille avait pris en Auvergne un assez grand développement.

Le commerce du charbon de terre, est-il dit dans un mémoire manuscrit de l'intendant de la province d'Auvergne, d'Ormesson (année 1698), *était devenu considérable pendant la guerre; on le portait à Paris par les rivières d'Allier, Loire et le canal de Briare ; il en sortait tous les ans pour plus de 50,000 écus de la province; mais présentement qu'il en pourra venir d'Angleterre, ce commerce diminuera considérablement* (1).

---

(1) La valeur de l'hectolitre à la sortie de l'Auvergne, devant être à cette époque de 1 fr. 50, à peu de chose près; savoir: 0 fr. 50 pour l'extraction, ainsi qu'il a été dit, et 1 fr. pour le transport des mines à la limite de la province, la donnée numérique de 50,000 écus, porterait le chiffre de l'exportation annuelle, à cette même époque, à 100,000 hectolitres ou 80,000 quintaux métriques.

Ces 100,000 hectolitres formaient alors, ainsi que nous l'apprend l'intendant de Balainvilliers, dans un mémoire manuscrit de 1758, la charge au départ de Brassac, de 500 bateaux (charge de 10 voies ou 200 hectolitres, portée à Pont-du-Château, à 15 voies); encore, ils devaient figurer pour moitié dans le mouvement commercial de la rivière d'Allier, que d'après le péage du Pont-du-Château, le même intendant évalue pour 1698 à 1,000 bateaux et trains de bois.

C'est sans doute sous l'influence de ce développement de l'industrie houillère en Auvergne, qu'y viennent tenter fortune les ayants droit de la duchesse d'Uzès.

Le 30 avril 1696, paraît une ordonnance de l'intendant de la province d'Auvergne, Le Fèvre d'Ormesson, portant exécution, dans l'étendue de son département, des arrêts du conseil royal du 16 juillet 1689, du 29 avril 1692, et lettres patentes du 5 mai 1693.

30 avril 1696.

Une longe procédure s'instruit par-devant l'intendant, entre le sieur duc d'Uzès d'une part, et d'autre part les habitants de la commune de Sainte-Florine, les prieur et religieuses de Sainte-Florine, le sieur Antoine Chabillon et consorts, touchant la prise de possession par le premier des mines du Grosmenay (Grosménil), des Gours haut et bas, et de la Loge ou la Lieuge (la Leuge).

Ces mines ne devaient point être les seules alors exploitées ; il semble résulter au conraire de l'ordonnance du 21 mai 1696, par laquelle l'intendant commit le sieur Chaudon, juge châtelain de Vieille-Brioude, *pour se transporter,* y est-il dit, *aux paroisses de Sainte-Florine, Brassac, Charbonnier, Auzat, Lan-*

geac (1), *et autres lieux dans lesquels sont si-tuées les mines et minières de charbon de terre de cette province*, que déjà les crêtes de pres-que toutes les couches aujourd'hui connues avaient été fouillées et exploitées.

Mais ces trois mines Grosmenay, les Gours, la Loge, paraissent avoir été les seules que leurs propriétaires aient entrepris de défendre con-tre le duc d'Uzès, soit en raison de leur im-portance, soit en raison de leur exploitation non interrompue depuis longues années, cir-constance qui semblait devoir les mettre à l'abri de toute tentative de spoliation basée sur les arrêts de 1689 et 1692 (2).

Voici d'ailleurs le principal point en li-tige, et les dires respectifs des parties.

(1) Le petit bassin houiller de Langeac, distinct de celui de Brassac, est situé dans la vallée de l'Allier, à quelques lieues au sud de ce dernier.

(2) Une opposition fut aussi d'abord formée par le sieur Jean-Baptiste Dupont, seigneur de Frugères, ancien fermier pendant longues années des mines de la commune de Sainte-Florine, pour les mines de la Peyrière (les Poirières), ténement du Grosménil, mines qui n'avaient, il est vrai, de son aveu, qu'une année d'existence, mais qu'il présentait comme dépendant des mines plus anciennes par lui exploitées, à peu de distance, au lieu dit le Champ-Rouge; il paraît qu'attendu qu'il existait communication entre les nouveaux puits et les anciens, distants de 50 toises, l'intendant donna gain de cause au sieur Dupont, et l'affaire n'alla pas plus loin.

Ces mines devaient-elles être considérées comme antérieures ou postérieures au don fait au duc d'Uzès?

Il résultait des enquêtes que, sauf la mine des Gours-Hauts, les puits de ces mines étaient d'une date postérieure audit don ; mais que ces puits, distants seulement de quelques toises des puits plus anciens, ne faisaient que desservir presque aux mêmes points les mêmes couches, les mêmes gîtes houillers.

Concluait le duc d'Uzès, qu'on lui abandonnât lesdites mines comme ouvertes depuis le don fait à son aïeul maternel, et s'offrait à indemniser les propriétaires pour la superficie, de gré à gré ou *à dire d'experts nommés d'office*.

Concluaient les propriétaires, qu'on leur laissât la libre jouissance de leurs mines, comme ouvertes bien antérieurement audit don, et qu'au cas où elles seraient d'ailleurs considérées comme mines nouvelles, le duc d'Uzès n'en pût prendre possession qu'après avoir traité de gré à gré avec les propriétaires de la surface, conformément aux termes des arrêts de 1689 et 1692, et ainsi qu'en cas absolument semblable, il avait été jugé, le 10 janvier 1696, par l'intendant de la province de Bretagne, pour les mines de

la commune de Nort, sénéchaussée de Sau-
mur.

Le bon droit était évidemment du côté des
anciens propriétaires ; mais le duc d'Uzès était
tout puissant, et la procédure terminée au
bout de près de deux ans, intervient, à la
date du 30 septembre 1697, une ordonnance
contradictoire et définitive de l'intendant de
la province, Le Fèvre d'Ormesson, laquelle,

Déboute de leur opposition les habitants
de la commune de Sainte-Florine pour le
Grosmenay, les prieur et religieuses de la
même paroisse pour les Gours-Hauts et la Loge
du Bois, le sieur Chabillon et consorts pour
la mine ouverte dans ses héritages au lieu dit
la Loge ; les condamne à rendre compte au
sieur duc d'Uzès ou ses ayants cause, du prix
provenu de la vente des charbons par eux ti-
rés depuis l'ouverture des mines, à la déduc-
tion des frais légitimement faits pour leur exploitation, et à charge par le duc d'Uzès de
les dédommager de la superficie du sol, soit
de gré à gré, soit suivant estimation d'experts
nommés d'office par l'intendant, à la diligence du procureur du roi.

Commet le sieur Amariton, lieutenant-gé-
néral de Nonette, pour l'exécution de ladite
ordonnance.

30 septembre
1697.

Une requête (du 17 octobre 1697), contre cette inique sentence, est présentée au roi par les propriétaires dépossédés, *réduits*, disent les suppliants, *à ne pouvoir même porter au roi leurs plaintes par la voie ordinaire de l'appel, estant de pauvres paysans qui ne sont point dans les mesures de fournir aux frais d'une longue procédure sur l'appel de l'ordonnance qui les dépouille, l'exécution de laquelle le nommé Tournant, procureur du sieur duc d'U-zès, poursuit avec une vexation extraordinaire.*

Nonobstant et pendant ce, le duc d'Uzès est mis en possession des mines du Grosmenay, des Gours et de la Loge.

Saisies sont faites à sa requête, tant sur les mines des Gours et de la Loge, qu'au port, d'environ 200 voies de charbon précédemment extrait, et les travaux d'exploitation des trois mines sont poussés ou repris avec activité (1).

Mais les justes réclamations des anciens extracteurs spoliés ne parvinrent pas en vain au pied du trône.

Un arrêt réparateur du 3 mai 1698, inter-

17 octobre
1697.

3 mai 1698.
Louis xiv.

------

(1) L'exploitation du Grosmenay avait été suspendue depuis cinq ans, par suite de procès pendant entre la commune et le dernier fermier, le sieur Boyer de Brassac.

2

prêtant, en tant que de besoin, l'arrêt du 4 janvier 1695, et autres rendus en conséquence du don fait le 16 juillet 1689,

Annule les ordonnances rendues par l'intendant;

Maintient les réclamants en possession et jouissance de leurs mines;

Condamne le duc d'Uzès à restitution des valeurs par lui saisies, même à rendre compte des charbons extraits et vendus pendant sa courte possession ;

Et par le même arrêt, *permet Sa Majesté à tous propriétaires d- terre où il y a des mines de charbon de terre, ouvertes et non ouvertes, en quelques endroits et lieux du royaume qu'elles soient situées, de les ouvrir et exploiter à leur profit, sans qu'ils soient obligés d'en demander la permission au sieur duc d'Uzès ou autres, sous quelque prétexte que ce puisse être, dérogeant à cet égard à tous arrêts, lettres patentes, dons, concessions et priviléges à ce contraires qu'elle pourrait avoir ci-devant accordés.*

Ainsi fut annihilé l'immense privilége concédé au duc d'Uzès.

Ainsi rentrèrent les mines de houille dans la dépendance absolue de la propriété superficielle.

Triste résultat des abus criants auxquels donna lieu l'application du principe, bon en lui-même, que portait l'arrêt du 4 janvier 1695.

Soustraites à l'esprit de spéculation et abandonnées sans contrôle au bon plaisir des propiétaires, nos richesses houillères furent plus que jamais gaspillées.

Et l'exploitation de la houille, au lieu de provoquer chez nous, par cette exubérance et ce bas prix des produits qu'amènent toutes les grandes organisations commerciales, cet immense et rapide développement industriel qui, en moins d'un siècle, a fait de l'Angleterre la plus riche nation du monde, resta méconnue, presque ignorée, et se traîna lentement à la suite du mouvement industriel en tête duquel était sa place.

Cependant, en 1735, l'esprit de spéculation s'essaie de nouveau à faire en Auvergne ce qu'avait vainement tenté le duc d'Uzès à la faveur du don de 1695 : centraliser les mines dans les mêmes mains, et à la faveur de cette centralisation donner à l'exploitation de la houille un large développement.

Sous le nom d'entreprise des mines de la province d'Auvergne, une compagnie formée

1735.

de capitalistes parisiens, tenant la plupart à la cour, s'organise en 1735 (1).

Cette compagnie comprit qu'il lui fallait réunir toutes les mines du pays pour les exploiter avantageusement; mais au défaut d'une législation protectrice, les seules voies qu'il lui fût possible d'employer étaient ou le fermage ou l'acquisition, voies onéreuses dont tout le profit fut pour les propriétaires de ces mêmes mines.

On peut, du reste, par les acquisitions et baux de la compagnie, se faire une idée et des dépenses considérables de premier établissement dont elle se trouva grevée, et de la répartition sur le terrain houiller des mines ouvertes à cette époque, et de l'importance qu'elles commençaient déjà à prendre.

6 janvier
1735.

Le premier bail passé au profit de la compagnie paraît être celui consenti par la famille Ducroc de Brassac, pour toutes les mi-

---

(1) Les premiers actes passés au nom de la compagnie, le furent par un sieur Pichot de Mezeray, bourgeois de Paris, agissant avec pouvoir de messire Charles Jû, écuyer, président trésorier de France au bureau des finances de la généralité de Bourges, architecte de la maison royale d'Orléans, à Paris; Claude Beaupied, écuyer, conseiller secrétaire du roi; Thomas Maullin, écuyer, à Paris ; Jacques Leroy, marchand banquier, à Paris.

nes situées dans l'étendue de ses terres de Brassac et Lubières, et autres lieux en dépendant; bail passé le 6 janvier 1735 pour vingt-quatre ans, moyennant 7,500 livres par an, avec faculté de résilier de cinq en cinq ans (la résiliation eut lieu en 1745). Cet acte limite à huit le nombre des puits que pourra ouvrir la compagnie; on lui permet cependant d'en ouvrir deux de plus, en payant pour chacun mille livres en sus par an ; on stipule aussi *qu'au cas où les associés seraient obligés de cesser totalement l'exploitation dans les mines d'un territoire, soit par l'épuisement de la mine, soit par le feu ou quelque autre accident imprévu , et ne pourraient continuer le tirage du charbon que sur d'autres territoires, lesdits sieurs associés seront indemnisés par la diminution du quart du prix d'une année, revenant à 1,872 livres.*

Ce cas se présenta l'année suivante pour la mine de Grigues, qui devint inexploitable par son embrasement. La convention, après vérification faite, reçut son accomplissement le 28 février 1736, et l'exploitation fut reportée sur la mine de la Fosse, pour s'y continuer jusqu'en 1745, époque de la résiliation du bail.

Après ce bail vient celui de M. Depons, du 26 septembre 1735, lequel comprend

26 septembre 1735.

toutes les mines qu'il a et peut avoir dans les terres et seigneuries de Sainte-Florine et Frugères, et spécialement les mines dites les Grands Lacs, le Grosmenay, le Gorry, la Poirière, la Garenne, le Haut-Champblève, la Roquette, et le tiers de la Charbonnière de la commune de Sainte-Florine, dite le Grosmenay.

Ce bail est passé pour neuf années, au prix annuel de 5,000 livres. Il limite à dix le nombre de puits que pourront ouvrir les fermiers, avec cette clause remarquable et qui témoigne de l'état encore barbare des exploitations.

Ne pourra le sieur Leclerc et ayants cause, se servir d'aucunes machines et chevaux pour tirer le charbon, mais s'en servir seulement pour tirer les eaux.

On le voit, le tourniquet à bras était encore employé pour l'extraction de la houille; mais il y avait progrès, en ce que le manége à chevaux l'avait remplacé pour l'épuisement des eaux.

A la suite de ces baux se placent, dans le cours des années 1735 et 1736, celui de la mine de la commune de Sainte-Florine, au prix annuel de 400 livres; celui des mines des Gours appartenant aux religieuses de

Sainte-Florine, au prix de 800 livres, et celui des mines de Mège-Coste, moyennant 700 et quelques livres.

Les acquisitions de la compagnie se distribuent dans un temps beaucoup plus long.

Les principales furent:

L'acquisition du bois Chevalier et des mines y comprises, commune de Vergougheon, vente consentie par la maison Montaigut de Beaune.

Celle des terrains et mines de la Combelle (1) et celle des terrains et mines du coteau de Mège-Coste, de la maison de Vernassal.

____

(1) L'acquisition des mines de la Combelle date du 2 février 1741. Suivant deux actes passés ce même jour, en l'étude de M⁰ Gennuy, notaire à St-Germain; l'un par le sieur Jacques de la Faye, l'autre par la demoiselle Durodel, comme propriétaires pour moitié chacun des mines qualifiées mines de la Roche-Brezin, et autres lieux circonvoisins, paroisses d'Auzat et Beaulieu. Ces ventes, consenties au prix de 9,000 fr. chaque moitié, font mention expresse pour les acquéreurs, de la *faculté de rétablir l'ancien canal qui avait été construit par le sieur Jean Mozeille, pour l'écoulement des eaux de partie desdites mines de charbon, et pour cet effet de rétablir la rase qui servait audit écoulement desdites eaux, dans l'étendue des héritages du domaine de la Roche; et ce, depuis l'issue dudit canal, jusques à la rivière d'Alagnon. Le tout sans indemnité, non plus que pour l'emplacement et voiture de charbons dans les héritages des vendeurs.*

La compagnie achète en outre de divers particuliers des champs isolés, des fractions de mines, et le droit de fouille appelé tréfonds, sur nombre de petits héritages sans contiguité, dans le but presque impossible à atteindre d'empêcher toute concurrence, et aussi de se garantir des prétentions exagérées ou des fouilles de leurs propriétaires au voisinage des exploitations à ouvrir.

Par ce moyen la compagnie de.Paris réunit dans ses mains presque toutes les houillères de la contrée.

Néanmoins, l'entreprise ne répondit point aux espérances que l'on avait fondées sur elle.

Et en effet, deux circonstances, indépendamment d'une bonne organisation sociale qui paraît lui avoir manqué, étaient essentielles à sa réussite, non-seulement la centralisation des mines, mais aussi le perfectionnement des procédés d'exploitation. Or, c'est a quoi la compagnie ne paraît point avoir songé en passant des baux qui, par leur courte durée seule, s'opposaient à toute grande innovation, à tout emménagement rationnel des mines, et en consentant à des clauses aussi barbares que celle insérée au bail des mines de la famille Depons, de n'extraire la houille qu'à bras d'hommes (1).

Avec d'aussi pauvres moyens de production, le prix de revient de la houille ne put être, pour la nouvelle compagnie gre-

---

(1) On trouve dans un mémoire du membre de l'académie des sciences, Le Monnier, faisant partie du recueil intitulé: *Les anciens Minéralogistes de France*, les renseignements suivants sur l'état, en 1739, des mines de la compagnie, qu'il qualifie de Compagnie royale d'Auvergne.

On descend dans ces mines par différents puits, dont les uns servent à monter les sacs de charbon, les autres à épuiser les eaux. L'épuisement des eaux est un travail continuel; on élève alternativement, par le moyen d'une *machine à roues dentées, qu'un cheval fait mouvoir*, deux grands seaux qui versent en dehors les eaux de la mine.

On se sert du *tourniquet simple* pour monter le charbon par les autres puits ; ces puits sont carrés et étayés dans toute leur étendue de chevrons de pin garnis de *rames*.

La mine de charbon est quelquefois traversée de veines de schiste ; on les casse au pic pour passer outre, et si l'on veut éviter de les extraire, on fait une espèce de cul-de-sac, où l'on brouette ces rocailles.

Cette raison a donné lieu à plusieurs de ces culs-de-sac, que l'on rencontre de temps en temps dans ces galeries. Dans les grandes chaleurs de l'été, ces endroits sont souvent remplis d'une vapeur que l'on appelle *la Pousse*, laquelle infecte aussi parfois les galeries et même les puits de descente; alors il faut cesser les travaux.

C'est ce qui arrive tous les ans pour les petites mines des particuliers, qui sont obligés de les fermer pendant l'été, à cause sans doute du moindre nombre de puits dont elles sont percées, et de la malpropreté de leurs galeries.

vée d'énormes redevances envers les propriétaires des tréfonds, que plus élevé qu'il n'était pour les anciens extracteurs ; partant, les débouchés, loin de s'accroître, ne purent que décroître.

Une industrie consommant la houille et que la compagnie essaya de fixer sur les lieux, une verrerie à bouteilles et à vitres, dont on voit encore les restes à Brassac, échoue par la mauvaise qualité des produits, par l'ignorance des fondateurs (1).

(1) Voici ce que dit Legrand de cette verrerie, dans son Voyage en Auvergne (1787-88).

Une verrerie établie en 1737, dans le voisinage de Brassac, échoua en moins de quatre ans, quoique cet établissement placé près des houillères et de l'Allier, eût un double avantage pour réussir. La première fonte donna 19,590 bouteilles, mais dès son début, la verrerie fut discréditée. Les bouteilles se trouvèrent d'un verre bleu, et toutes furent d'une si mauvaise qualité, que le vin qu'on y mit s'y gâta. La deuxième année fut perdue pour les travaux, parce que l'argile qu'employèrent les entrepreneurs, pour les briques de leur nouveau fourneau, contenait tant de sable, qu'elles fondirent et coulèrent. A la troisième année, enfin, les bouteilles furent un peu meilleures que les premières, mais elles étaient discréditées, et ils ne purent en vendre qu'une partie, encore fallut-il les envoyer hors de la province, ce qui augmenta de beaucoup les frais. Celles de l'année suivante, au nombre de 72,000, n'eurent pas un succès meilleur ; il en fut de même des 3,000 feuilles de verres à vitres qui se trouvèrent vertes ; rien ne fut vendu, et il fallut abandonner l'entreprise.

En 1742, une compagnie nouvelle la reprit ; celle-ci tra-

Et cette ressource lui échappa encore.

Aussi ne renouvela-t-elle point le bail des mines de la famille Depons, qui expira fin 1744;

Et résilia-t-elle, l'année 1745, le bail de la famille Ducroc de Brassac, et aussi ceux de la commune et des religieuses de Sainte-Florine.

Ces mines rentrèrent dès lors dans le domaine naturel de leurs propriétaires, qui se remirent à les faire valoir soit par eux-mêmes, soit par fermiers.

La compagnie ne conserva plus que les mines et terrains de la Combelle, paroisse d'Auzat, et les mines et terrains du bois Chevalier, paroisse de Vergougheon; du moins ce furent les seuls points d'exploitation qu'elle tint en activité.

Se restreindre ainsi, accepter la concurrence des autres exploitants propriétaires tréfonciers, avec tous les désavantages de sa position propre, c'était, de la part de la compagnie, préluder à une liquidation prochaine, et en effet elle ne se fit guère attendre.

Cependant une législation moins barbare commençait à se faire jour.

---

vailla pendant dix ans, sans regagner la confiance du public. Elle échoua comme l'autre, et en 1752 renvoya tous ses ouvriers.

14 janvier 1744.
Louis XV.

Un édit de Louis XV, du 14 janvier 1744, annule celui de 1698, et réunit la houille aux substances minérales qu'on ne pouvait exploiter qu'en vertu de concession du souverain.

Cet édit remarquable par la sagesse de ses diverses dispositions, *fait défense à toutes personnes d'ouvrir et mettre en exploitation des mines de houille ou charbon de terre sans en avoir préalablement obtenu une permission du sieur contrôleur général des finances.*

Ainsi succède *le régime des permissions à la liberté indéfinie* laissée aux propriétaires par l'arrêt du 13 mai 1698.

Régime transitoire qui devait aboutir au *régime des concessions;* car le but du législateur ne pouvait être atteint que par cette libérale extension du pouvoir administratif.

L'édit de 1744, mollement appliqué, ne changea que fort peu dans l'origine l'état des choses; ainsi, en Auvergne, les mines autres que celles de la compagnie restèrent non permissionnées jusqu'en 1780; mais peu à peu cet édit devint la règle générale à laquelle durent se soumettre et se soumirent les exploitations houillères, au grand avantage de cette importante industrie.

Cependant la compagnie s'obère de plus en

plus ; ainsi qu'il arrive presque toujours en pareil cas, la division se met parmi les intéressés. Dès 1768 on voit une partie des entrepreneurs recourant à l'intervention administrative, demander que les mines soient visitées, pour constater la nécessité d'un appel de fonds, en régler la quotité et la répartition ; mais ces démarches restent sans résultat ; bientôt la compagnie est réduite à la nécessité de provoquer sa dissolution, et de faire argent en se liquidant de ses mines et droits.

A ces fins, elle sollicite et obtient un arrêt du 3 décembre 1774, portant qu'à *la requéte et diligence des sieurs Barbey de Chassé, Jú de Retz, etc., il sera par-devant l'intendant en la généralité de Paris, et après affiches et publications, procédé à la vente et adjudication de la subrogation à la permission d'exploiter les mines de charbon de terre de la province d'Auvergne, ensemble aux terres, prés, bois, lieux, maisons, bâtiments, machines, ustensiles, et tous les effets généralement quelconques dépendant de ladite exploitation et appartenant à la société.*

L'adjudication devait avoir lieu sans division. Soit résultat de cette clause ainsi que le firent valoir les intéressés, soit simple résultat du discrédit dans lequel l'entreprise était tombée, nul acquéreur ne se présenta ; de nouvelles demandes devinrent nécessaires pour obtenir qu'il fût procédé à une adjudication avec division , et plusieurs années s'écoulèrent encore avant que la compagnie en liquidation pût profiter du bénéfice de l'arrêt du 3 décembre 1774.

Pendant ce, l'importance de ces mines va toujours décroissant. Tandis que s'ouvrent et grandissent de nouvelles exploitations rivales, notamment la riche mine de la Taupe, découverte en 1774, dans les bois de Bergoyde, par le travail d'une taupe qui, en amenant à la surface du sol des fragments de houille, donna l'éveil sur cet important gisement.

Dès le mois de septembre 1775, cette mine est affermée moyennant l'énorme redevance du tiers des produits bruts de l'extraction, par la maison Ducroc, de Brassac, aux sieurs Feuillant, Reynard et Cie, exploitants du pays, qui en poussent l'exploitation avec la plus grande activité (1).

---

(1) Nous possédons concernant cette mine, un procès-verbal de visite du 10 février 1780, procès-verbal d'experts chargés d'apprécier la demande faite par les fermiers, d'*exploiter en remontant la mine déjà fouillée jusqu'au fondement*, autorisation que, en conformité de l'avis des experts, leur accorda en effet M. Ducroc de Brassac, comme tuteur de ses neveux et nièces.

Voici la partie descriptive de ce procès verbal, qui conclut

Enfin, en 1781, c'est-à-dire après dix à douze ans de procédures diverses, la compagnie d'Auvergne peut réaliser, par adjudication, la vente de ses mines et de ses droits.

Pour rendre l'adjudication régulière et pour faire connaître les objets à vendre, on avait fait dresser un procès-verbal de tous les biens et mines de la compagnie ; un plan figuré des lieux et des terrains où s'exerçaient ses droits, fut aussi levé et joint au procès-verbal.

Tous les objets portés au procès-verbal et au plan composèrent vingt-un articles, et

---

pour l'affirmative, conclusion bien démentie par les faits postérieurs.

Sont descendus *les trois experts* par le puits placé à l'aspect de midi, appelé le puits de la Machine-Haute, et après avoir resté très-long-temps dans ladite mine, sont remontés par le second puits, appelé la Machine-Basse, à l'aspect de bise. Lesquels ont déclaré qu'étant arrivés au bas du quatrième puits, et dans la galerie où l'on creuse actuellement du charbon, située sur le pavet du rocher appelé la Sole, ils ont trouvé que ladite mine est fouillée jusqu'à ses fondements, qu'il ne reste d'ouvrage à finir ce dernier passage, et arriver à la serrée de ladite mine, que pour environ huit à dix jours ; qu'il leur a paru que ladite mine a formé une espèce de bassin au bas duquel et dans le rocher appelé la Sole, il a été pratiqué un nouveau puits conformément et de la profondeur exigée par les règlements arrêts de 1744 ; qu'il ne leur a pas paru d'autre mine inférieure à celle ci-dessus ; de sorte qu'estiment, etc., qu'il y a lieu à remonter.

furent énoncés dans les affiches qui préparèrent l'adjudication (1).

Ces vingt-un articles furent, pour l'adjudication, répartis en deux lots principaux.

Le premier ne se composa que du bois Chevalier et du domaine de Vergougheon, ensemble la subrogation au privilége des mines existant dans l'étendue dudit bois ; plus, les mines de Neuvialle, situées dans la paroisse de Sainte-Florine ; le tout constituant le n° 20 de l'affiche.

Le second lot se composa des vingt autres articles, dont un seul (les mines de la Combelle) avait réellement quelque importance.

Ces deux lots furent successivement adjugés, à l'extinction des feux, le 31 janvier 1781, au sieur Feuillant aîné, exploitant de mines à Brassac.

Le premier, pour trente mille livres.

Le deuxième, pour quinze mille livres.

Le premier soin du sieur Feuillant, devenu adjudicataire des propriétés et des mines de la compagnie, est de faire confirmer, par l'autorité souveraine, la cession à lui faite.

Cette confirmation lui est accordée par deux arrêts du conseil.

---

(1) Toutes mes recherches pour retrouver ce plan et l'affiche de l'adjudication, ont été infructueuses.

Le premier, du 24 juillet 1781, permet au sieur Feuillant l'aîné, d'exploiter exclusivement à tous autres, pendant l'espace de quinze années, les mines de charbon de terre découvertes et à découvrir dans l'étendue des terrains désignés au procès-verbal d'adjudication, du 31 janvier 1781, et situés entre les rivières d'Allier et d'Alagnon, depuis Lempdes et Vergoughcon, *jusqu'à la jonction de ces deux rivières.*

Le second, du 7 juin 1785, faisant droit à une requête par laquelle il se plaint de différents propriétaires qui, sans autorisations, avaient ouvert des fosses à proximité de ses mines (de la Combelle), de façon à profiter injustement et sans dépense aucune des travaux d'ass chement (galerie d'écoulement) par lui exécutés, sur l'avis de l'inspecteur des mines, ordonne :

Que l'arrêt du 24 juillet 1781 sera exécuté selon sa forme et teneur, et l'interprétant autant que de besoin, permet au sieur Feuillant d'exploiter exclusivement à tous autres, pendant vingt années, les mines de charbon découvertes et à découvrir dans les terrains énoncés en l'arrêt de 1781, et dans un arrondissement de douze cents toises de rayon, dans lequel arrondissement seront compris les terrains connus sous les noms de Champ-de-Mauras, de la Combelle, de Vigerie, Puits de Domery, Terre-de-Laidon, etc.

Les exploitations du sieur Feuillant se trouvèrent ainsi les premières régularisées; quant aux autres mines, leur exploitation par les propriétaires de la surface se poursuivait comme par le passé, et se continua encore quelque temps sans titre régulier.

Voici quelles étaient, d'après un rapport de tournée de l'inspecteur des mines Besson, année 1785, les mines exploitées à cette époque :

Désignation des mines.	Propriétaires ou exploitants.	Profondeur des travaux.	Productions annuelles en voies.	Qualité de la houille.
La Taupe.	Propriétaire, sieur Ducroc; fermiers, sieurs Maigne et Cie (1).	200 pieds.	3,000.	La meilleur qualité du pays.
Grosmenil.	Prop. exploitant, sieur Dupont, seigneur de Frugères.	250.	350.	Inférieure à la Taupe.
Baratte.	Prop. exploitant et concessionnaire, sieur Feuillant aîné.		800.	*Idem.*
Belain.	*Idem.*		2,000.	Médiocre.
Belair.	Prop. exploitant, sieur Sadourny (Guil.)			En travaux préparatoires

(1) La société Maigne et Cie, qui succéda à la compagnie Feuillant, exploita la mine de la Taupe sous redevance du quart. de 1782 à 1785.

Outre ces mines, diverses petites exploitations insignifiantes.

Production annuelle totale, au moins dix mille voies.

Voies de trente rases cubant 45 pieds cubes, et pesant 3,300 livres, coûtant, au port de Brassaget, 20 fr., et de transport à Paris, 36 fr.

L'arrêt rendu en faveur du sieur Feuillant, le 7 juin 1785, est le premier bienfait administratif dont l'industrie houillère de Brassac soit redevable à la législation nouvelle et protectrice, dont l'arrêt de 1744 semble avoir été le prélude, et que les arrêts de Louis XV, des 21 mars 1781 et 19 mars 1783, portant création, le premier, de quatre inspecteurs des mines, le second, d'une école des mines, eurent pour but de développer.

Cet arrêt de 1785, en grand progrès sur celui de 1781, accordait au sieur Feuillant tout ce que comportait de droits protecteurs le régime des permissions; s'il ne lui concédait pas encore l'étendue nécessaire au développement de son exploitation de la Combelle, il rendait exclusive à lui la permission d'exploiter dans cette étendue, et le soustrayait à l'avidité de ces guêpes industrielles, empressées à se placer à la suite de ses mines, pour profiter, sans nuls frais, de ses travaux d'assèchement.

Les avantages qu'offrit dès lors la législation aux exploitants de mines, les durent déterminer à en réclamer avec empressement le bénéfice ; aussi la régularisation des diverses exploitations du bassin de Brassac s'opère-t-elle successivement et dans un laps d'années assez court.

8 août 1786. Un arrêt, du 8 août 1786, accorde au sieur Guillaume Sadourny la permission d'exploiter exclusivement à tous autres, pendant vingt ans, les mines de charbon situées dans le domaine de Celle, paroisse d'Auzat, et dans les territoires des villages du Théron, Thansac et Auzat (1).

------

(1) Dans sa requête, le sieur Sadourny expose qu'il exploite depuis dix-huit ans une mine dépendant du domaine de Celle ; qu'il lui en a coûté déjà 80,000 fr. pour mettre cette mine en valeur ; qu'en 1782 notamment, il y a employé plus de 30,000 fr. à l'épuisement seul des eaux ; que quatre-vingts ouvriers sont occupés chaque jour aux travaux, desservis par trois fosses, deux pour extraire le charbon et les eaux, et une pour l'air.

Qu'il s'en extrait annuellement pour Paris, 3,000 voies de charbon de même qualité que celui de la mine du sieur Feuillant.

Qu'il fait creuser depuis le 31 décembre 1784, pour tomber au plus profond du filon, une nouvelle fosse déjà parvenue à 160 pieds de profondeur, etc.

Deux arrêts, l'un du 16 mai 1786, l'autre, interprétatif et restrictif, du 12 septembre 1786, accordent au sieur Lamothe et Cie la permission d'exploiter exclusivement à tous autres, pendant dix-huit années, à compter du 10 octobre 1785, les mines de charbon existant dans les terrains à eux affermés par le sieur Ducroc, de Brassac, par bail du 10 octobre 1785, c'est-à-dire, aux termes de ce bail, la mine de la Taupe, située dans le bois de Bergoyde, et toutes autres mines qui pourraient se trouver dans les terres de Brassac, Lubières et dépendances, lesdites mines affermées pour dix-huit ans, moyennant le cinquième du produit brut.

Ainsi se trouvent permissionnées les mines en activité :

De la Combelle, au sieur Feuillant, par arrêts de 1781 et 1785 ;

Du Feu (bois Chevalier), au même exploitant, par l'arrêt de 1781 (1) ;

De Barathe, encore au même, par le même arrêt ;

____

(1) Le sieur Feuillant, acquéreur, par l'adjudication de 1781, des mines de la compagnie de Paris, abandonnées depuis plusieurs années, remit d'abord en exploitation, dès 1781, celles de la Combelle et de Barathe, et seulement en 1785, celle du Feu (bois Chevalier).

De Celle, au sieur Sadourny Guillaume,
par arrêt de 1786 ;

De la Taupe, au sieur Lamothe et Cie, par
arrêt de 1786 (1).

Et il ne resta plus de mines de quelque
importance et sans titre régulier, que celles
du sieur Depons, seigneur de Frugères (Grosménil et autres).

Ces dernières mines et tous droits de tréfonds ayant appartenu au sieur Depons de
Frugères , passent d'ailleurs, le 22 avril 1789,
aux mains du sieur de Lamothe jeune, acquéreur , au prix de 30,000 livres.

Tel était l'état des choses lorsque éclata la
révolution.

La création de nombreux ateliers et fabri-

---

(1) L'arrêt du 16 mai 1786 portait :

Le Roi, vu le traité du 8 octobre 1785, etc. ;

Accorde au sieur Lamothe et associés, la permission d'exploiter, exclusivement à tous autres, pendant vingt ans, les mines de
charbon qu'ils pourront découvrir dans les paroisses de Brassac,
Vergougheon et Sainte-Florine, à l'exception des terrains qui
peuvent faire partie d'autres priviléges accordés dans ce canton.

Cet arrêt souleva de vives réclamations, et notamment de la
part du sieur Ducroc, de Brassac, qui dans le bail du 8 octobre,
s'était réservé de demander en son nom le droit d'exploitation,
pour les mines existant dans ses propriétés. Ces réclamations
eurent pour résultat l'arrêt de 1786, arrêt restrictif du privilége
conféré aux sieurs Lamothe et compagnie, et pour l'étendue
et pour la durée.

ques d'armes, tant à Paris que sur divers points du cours de l'Allier et de la Loire, imprime aux mines d'Auvergne une activité nouvelle.

Ces mines, bien que seules, car Saint-Etienne a assez d'alimenter les ateliers d'armes qui y sont organisés, font d'abord face à ces besoins croissants ; mais bientôt la production s'y trouve, comme sur tous les points de la France, entravée par le papier-monnaie, par la loi du maximum.

Le commissaire du comité de salut public, Larcher, et l'inspecteur des mines, Monnet, envoyés sur les lieux avec pouvoirs étendus pour activer l'exploitation de la houille et son expédition sur Paris et autres points, luttent avec énergie contre les obstacles nés de la force des choses. Ans II et III de la république.

Assurer par des réquisitions de grains, conformément à un arrêté spécial du comité de salut public, la subsistance des ouvriers mineurs ;

Les ramener par la force armée dans les travaux à plusieurs reprises abandonnés des mines du Feu, de la Combelle et de la Taupe ;

Déterminer par voie de persuasion ou de menaces les exploitants à tenir leurs travaux dans un état constant d'activité, état que l'en-

chérissement progressif des matières premières, la toile pour les sacs, l'huile pour l'éclai-
rage, etc., leur rendaient parfois onéreux ;

Accroître la production houillère du bassin d'une part, en autorisant de nouvelles
exploitations, et notamment en concédant à
autres, comme mines vacantes par suite de
leur non exploitation, les mines du Gros-
menil, acquises de la maison Depons par le
sieur de Lamothe, et aussi les mines de
Mège-Coste, comprises dans l'adjudication
faite au sieur Feuillant en 1781 ; d'autre part,
en imposant, soit aux nouveaux exploitants,
soit aux entrepreneurs des mines de la Combelle et du Feu, affranchis de toute redevance
envers le concessionnaire Feuillant, (1) de

---

(1) Le sieur Feuillant s'était, en 1787, pour le Feu, et en 1789,
pour la Combelle, adjoint des associés, sous la réserve d'un
prélèvement en sa faveur, pour apport des mines de 1/6 des
produits bruts pour le Feu, et de 1/8 pour la Combelle. Trois de
ces associés, les sieurs Grimardias et Vernière, pour la Taupe,
et le sieur Sadourny pour la Combelle, encouragés par les dispositions favorables des agents révolutionnaires, adressèrent
en l'an II, au comité de salut public, un mémoire tendant à
ce qu'ils fussent affranchis de cette *redevance*, *inique droit
féodal*, paralysant tout développement des exploitations du
Feu et de la Combelle.

Mais cette rubrique n'eut, grâce à l'intervention de l'agence
centrale des mines, d'autre résultat que de faire confirmer le
sieur Feuillant dans ses droits très-légitimes.

grands travaux d'art, tels que l'approfon-dissement de nouveaux puits, ou l'élargis-sement de ceux existant, ou l'emploi de ma-chines à feu.

Telles sont les fins auxquelles on voit tra-vailler sans relâche, dans leur mission des ans II et III de la république, les deux agents révolutionaires, à ce aidés par les représen-tants du peuple Lemoyne et Musset.

Du pain, écrit de Jumeaux, le 27 ven-démiaire an III, le commissaire Larcher à la commission des armes et poudres, et *je réponds de* 20,000 *voies de charbon;* et bientôt il est obligé d'ajouter de la toile, de l'huile, du fer, des chevaux ;

Car tout manque à la fois : capitaux, bras et matières premières, tout se dérobe à la taxe révolutionnaire.

Voici d'ailleurs la physionomie du bassin houiller pendant cette *petite terreur.*

Trois mines importantes sont en activité, la mine du Feu, exploitée par les sieurs Feuil-lant, Grimardias, Vernière et Blanzat.

La mine de la Combelle, par les sieurs Feuillant, Guillaume Sadourny et Auber-ger.

La mine de la Taupe, par le sieur de La-mothe aîné et compagnie.

Ce sont les trois seules exploitations de quelque importance qu'offre le bassin.

La plus considérable de ces trois mines est d'ailleurs sans contredit celle de la Taupe, exploitée par le sieur de Lamothe aîné, *l'homme*, est-il dit dans l'une des lettres de l'inspecteur Monnet, *le plus instruit en fait de l'exploitation des mines de charbon, non-seulement du pays mais encore de bien loin.*

Des machines à molettes de grande dimension, construites sur le modèle de celles de Flandre et de Montcenis (1), desservent les travaux parvenus à la profondeur de près de 3oo pieds.

Des puits à large section (puits de la Forge et vieux puits Saint-Amand), foncés à la poudre, et ce paraissant être les premiers qui l'aient été dans le bassin, bien que l'application de cet agent à la rupture des rochers dans les mines remonte à 1614, permettent l'extraction du charbon par tonnes, grande innovation dans la contrée.

Malgré la richesse de la mine (la couche a 36 pieds de puissance), l'extraction n'y est que de 15 à 20 voies par jour au plus ; mais

---

1) Legrand, Voyage en Auvergne, 1788.

il est à croire que le maximum n'est point étranger à ce résultat.

L'exploitation dite du Feu embrasse quatre couches, ayant de puissance 3 pieds, 2 pieds et demi, 5 pieds et 7 pieds ; l'exploitation a lieu à la profondeur de 330 pieds, par deux puits en assez mauvais état et de petite dimension.

Le charbon y est élevé au jour dans les sacs de toile qui ont servi à son transport intérieur, et qui doivent l'accompagner jusqu'au port où il est transporté à dos d'ânes.

Dans son ascension au jour, un simple nœud coulant fixe le sac au cable de la machine d'extraction, et c'est de la même manière (en passant une jambe dans le nœud coulant) que les mineurs descendent dans les travaux et en remontent.

L'extraction ne dépasse guère 15 voies par jour.

A la Combelle, les travaux sont encore plus profonds qu'à la Taupe et qu'au Feu; ils vont jusqu'à 350 pieds.

Deux puits les desservent, deux machines à molettes occupant 16 chevaux, fonctionnent à la fois jour et nuit sur l'un de ces puits, pour le seul épuisement des eaux qui envahissent les tailles d'exploitation les plus basses.

L'extraction s'élève à peine à 16 voies par jour.

Ainsi les trois *grandes mines*, dans leur état de plus grande activité, et cet état est fréquemment interrompu, fournissent au plus 5o voies, ou mille hectolitres de houille par jour.

Toute cette houille, sous la surveillance des agents républicains, est embarquée et expédiée pour les ateliers d'armes de Paris et autres points.

Pendant ce, le commerce et les établissements particuliers s'alimentent des houilles extraites des *petites mines* dont les commissaires Monnet et Larcher ont autorisé et même provoqué l'ouverture, dans le but de laisser disponible pour l'Etat les houilles des *grandes mines*.

Voici, d'après un mémoire de l'inspecteur Monnet, du 13 pluviôse an III, le nombre et la désignation de ces *petites mines :* mines peu profondes, ouvertes à la hâte dans des parties de couches déjà anciennement fouillées, et partant ne donnant qu'une houille très-impure, très-mélangée de schistes, mais à laquelle néanmoins l'accaparement des houilles des grandes mines par l'Etat assure près des établissements particuliers un débouché forcé.

Mines des Gours.
       des Prades.
       des Petites-Prades.
       de Neuvialle.
       de Champblève.
       de la Molière.
       de l'Orme.
       de Grigues.
       de Haut-de-Grigues.
       d'au-dessus d'Auzat.

Ces petites mines en grande activité fournissent (est-il dit dans le mémoire ci-dessus) plus que les grandes mines elles-mêmes. Fait qui s'explique assez, par cela seul qu'en raison de la nature de la houille elles ne sont point sous le poids de la réquisition révolutionnaire, et peuvent, par conventions privées, échapper jusqu'à un certain point à l'effet du maximum.

Mais cet état de choses ne pouvait durer; la loi du maximun est retirée, et avec elle tombent les entraves apportées à la production.

L'inspecteur Monnet est rappelé par l'agence des mines, comme ayant outrepassé ses pouvoirs; les petites mines ouvertes révolutionnairement et contrairement à la loi de 1791 , devenue la base de notre législation , se refer-

ment peu à peu, et l'industrie houillère re-
prend dans le bassin de Brassac son cours
naturel.

La loi de 1791, de laquelle date l'ère des
concessions, loi progressive, en ce qu'elle
faisait mieux que permettre, en ce qu'elle
conférait à l'exploitant le droit de fouille
sous le fonds d'autrui ; loi rétrograde, en ce
qu'elle faisait dans le choix du concessionnaire
une trop large part au propriétaire de la surface, portait à ce dernier égard comme dis-
positionrétroactive :

Que les mines antérieurement exploitées
par leurs propriétaires, et qui avaient été
concédées à des tiers, sans qu'il y eût eu de
la part des premiers, consentement libre,
légal et par écrit, formellement confirmatif
de la concession, retourneraient à leurs
propriétaires.

Cette disposition ouvrait une large carrière
aux réclamations de la famille de Brassac, dont
les mines (la Taupe et autres) avaient été concédées, en 1785, au sieur de Lamothe aîné,
contre le gré et malgré l'opposition des propriétaires.

Il en résulta, dès qu'eut cessé de gronder
l'orage révolutionnaire, de vifs démêlés entre
le sieur Lamothe et mademoiselle de Brassac ;

ces démêlés qui donnèrent lieu à deux ar-
rêtés, en sens contraires, de l'administration
de la Haute-Loire, l'un du 22 pluviôse an IV,
l'autre du 6 ventôse an V, se terminèrent par
une transaction qui intervint en l'an V.

Par cette transaction du 18 messidor an V,
*les mines de la Fosse, la Molière et autres limi-
trophes, sont cédées au sieur Lamothe (articles
1 et 2), et il est subrogé (par l'article 3) à tous
les droits de la famille Ducroc, résultant de la
propriété de toute l'étendue des bois de Bergoyde et autres parties environnantes, pour l'exploitation des mines situées sous leur superficie.*

Le seul titre, celui de l'exploitant de la
Taupe, auquel, par la disposition rétroactive
ci-dessus, la loi de 1791 eût pu porter at-
teinte, se trouve aussi confirmé dans les
mains du sieur Lamothe, et l'exploitation de
la Taupe et des autres mines se poursuit en
vertu des titres de 1781, 1785 et 1786, titres
non encore périmés.

Voici d'ailleurs, en l'an V, la situation du
bassin houiller, telle qu'elle résulte d'un
rapport de l'ingénieur des mines, Laverrière.

*Les mines de la Taupe, quelques petites ex-
ploitations dans le territoire de Sainte-Florine,
et les nouveaux travaux de la Combelle, sont
les seuls points en activité.*

La Taupe extrait vingt à vingt-cinq voies par jour.

La Combelle douze à quinze ; on approfondit le principal puits de cette mine à 120 mètres.

Les mines du vallon de Celle ont été submergées par l'Allier.

Les mines du Grosménil, la Fosse, la Molière et autres, restent abandonnées.

Quant aux mines des montagnes de Mège-Coste et du Feu, on s'occupe de les reprendre au territoire de la Barthe, dans le vallon qui sépare ces deux montagnes, au moyen d'un puits principal, lequel est placé de manière que, par des galeries de traverse, il peut recouper les veines de ces deux parties dans le prolongement de leur direction.

En l'an VII, époque où le sieur Lamothe jeune avait déjà acquis la terre de Frugères et toutes ses dépendances, fonds et tréfonds, les deux frères Lamothe se pourvoient par-devant l'administration, pour faire déterminer un arrondissement à l'exploitation désormais réunie dans leurs mains, des mines du Grosménil, de la Fosse et de la Molière, depuis confondues sous le même nom de Grosménil.

An VII. C'est sous cette dénomination de mines du Grosménil que, par arrêté du directoire exécutif, du 29 frimaire an VII, il est fait concession pour cinquante années, aux sieurs Jean et Antoine Rabusson-Lamothe frères, et Jean - Gilbert Berthon , des mines de houille comprises dans l'espace limité ainsi qu'il suit :

Au sud-sud-est, par une ligne de Lempdes à Frugères ;

Au sud-est, par une seconde ligne de Frugères à Sainte-Florine ;

Au nord-ouest, par une troisième de Sainte-Florine à Charbonnier ;

Et au nord-est, par une dernière ligne de Charbonnier à Lempdes, point de départ.

Sauf, est-il ajouté, les portions de terrains comprises dans ces limites, qui se trouveraient faire partie de la concession antérieure du sieur Feuillant.

Cette concession (la seule qui subsiste encore) est, il faut le remarquer, la première, en Auvergne, qui présente une limitation précise, et s'applique à une surface non morcelée ; elle complétait d'ailleurs à peu près, avec les arrêts de 1781, 1785 et 1786, le partage en concession du terrain houiller.

Mais ce partage était loin d'être, sous le rapport technique et administratif, une œuvre parfaite, même une œuvre supportable.

Par suite de la concession première, faite

en 1781 au sieur Feuillant, laquelle embrassait, comme nous l'avons vu, vingt-un articles disséminés sur toute la surface du terrain houiller, par suite aussi de la concession morcelée accordée, en 1781, au sieur Lamothe aîné, les concessions délivrées empiétaient les unes dans les autres; car force avait été, dans les titres plus récents comme dans la concession du Grosménil, an vii, de faire réserve des droits antérieurs. C'est à faire disparaître cet état de choses, source inépuisable de procès entre les exploitants, et obstacle insurmontable au régulier développement des travaux, que dut s'appliquer l'administration des mines.

11 vendémiaire au IX.

Déjà, depuis plusieurs années, le sieur Feuillant avait rétrocédé au sieur Guillaume Sadourny ses droits dans la partie nord du bassin houiller, lorsque, par acte du 11 vendémiaire an ix, il cède, dans la partie sud du même bassin, au sieur Lesecq, banquier de Paris, ses mines du bois Chevalier.

De nombreux droits de tréfonds lui restaient encore sur des terrains morcelés, notamment sur le coteau de Mège-Coste; il s'en défait également l'année suivante en faveur du même acquéreur, le sieur Lesecq, par contrat de vente du 13 ventôse an x.

Le partage de tous les droits qu'avait pos- 13 ventôse an x. sédés le sieur Feuillant, par suite de l'adjudi-cation de 1781, se trouva effectué entre les sieurs Guillaume Sadourny et Lesecq, de la manière suivante, ainsi qu'il résulte d'une déclaration du sieur Feuillant, faisant partie dudit contrat de vente du 13 ventôse an x.

Au sieur Sadourny appartinrent les droits désignés dans l'affiche d'adjudication de 1781, sous les n°s 2, 7, 9, 11, 12, 14, 15, 16, 18, ou, en d'autres termes, les droits échus au sieur Feuillant, dans la partie du bassin qui est devenue dépendance du Puy-de-Dôme, et dont le point le plus important était la mine de la Combelle.

Au sieur Lesecq, appartinrent les droits désignés sous les n°s 1, 3, 4, 5, 6, 8, 10, 13, 17, 19, 20, 21, ou encore les droits qu'avait possédés le sieur Feuillant dans la Haute-Loire, où la plus importante de ses pro-priétés était le bois Chevalier, renfermant, lors de la cession au sieur Lesecq, la mine en activité des Barthes.

En possession des droits du sieur Feuillant, le sieur Lesecq s'empresse d'en faire ap-prouver la cession, et en même temps de se faire concéder pour ses exploitations un ar-rondissement convenable.

Mais il existait un enchevêtrement respectif de propriétés qui apportait de grands obstacles à la continuité de l'arrondissement à former.

La compagnie concessionnaire du Grosménil possédait, entre les mines du bois Chevalier et celles de Mège-Coste, acquise du sieur Feuillant par le sieur Lesecq, la mine dite de l'Orme ; le sieur Lesecq possédait de son côté, dans les limites de la concession du Grosménil, divers terrains morcelés, provenant de l'adjudication faite au sieur Feuillant, son cédant, en 1781.

Cette réciprocité de servitudes offrait naturellement un moyen de compensation ; l'administration des mines intervint à cet effet ; un travail est présenté par l'ingénieur des mines Brochin, concluant à ce que les deux parties se fissent l'abandon réciproque de tous les droits qu'ils pourraient avoir, le sieur Lamothe et Cie, à l'est d'une droite tirée du château de Bournoncle à celui d'Auzat, et le sieur Lesecq, à l'ouest de ladite droite.

19 pluviôse an XI.

Conformément à ces conclusions, sous la médiation du conseil des mines, un accord passé le 19 pluviôse an XI, entre les sieurs Lamothe et Berthon et le sieur Lesecq, consacre l'abandon réciproque de leurs droits respectifs, à l'est et à l'ouest de la ligne séparative menée du château de Bournoncle à celui d'Auzat.

Cette difficulté levée, l'approbation de cession sollicitée par le sieur Lesecq, est prononcée par un décret impérial, du 19 brumaire an XIII.

19 brumaire an XIII.
31 décembre 1804.

Décret portant :

Art. 1er. *La cession faite au sieur Lesecq par le sieur Feuillant est approuvée.*

Art. 2. *La concession dont le sieur Lesecq devient titulaire, porte sur les terrains compris dans les limites ci-après.*

Au sud-est, une ligne droite partant de Vergougheon, passant par la commune de Lugeac et se terminant à la rivière d'Allier; à partir de ce point, à l'est, le cours de l'Allier, presque vis-à-vis de Jumeaux; de ce point par une ligne droite à l'angle sud du château de Sainte-Florine, et de ce point une ligne droite dirigée sur Bournoncle, mais terminée en son point d'intersection avec une dernière droite tirée de Lempdes à Vergougheon; enfin, de ce dernier point à Vergougheon, point de départ.

Mais si, par l'accord du 19 pluviôse an XI, cette concession était libre de tous droits ayant appartenu à la compagnie du Gros-

(54)

ménil, sieurs Lamothe jeune et Berthon, il n'en était pas de même des droits accordés par l'arrêt du 12 septembre 1786, au sieur Lamothe aîné (Antoine), pour les terrains de la famille Ducroc de Brassac.

Le décret du 19 brumaire an XIII dut donc en faire réserve ; aussi porte-t-il :

Art. 5. *Sont exceptés de cette étendue de concession, les terrains qui ont été concédés au sieur Lamothe aîné, par arrêt du ci-devant conseil du 12 septembre 1785.*

Cette réserve imprimait à la concession Lesecq, dont le décret impérial n'avait d'ailleurs en rien prorogé la durée, un caractère éminemment provisoire ; provisoire qui ne pouvait cesser que par une délimitation précise et simultanée des concessions Lesecq et Lamothe aîné, ou, en d'autres termes, des mines des Barthes et du Feu, et des mines de Grigues et la Taupe, lorsque viendraient à expirer les titres temporaires de leurs exploitants.

C'est ce qui ne tarda pas à arriver.

La concession accordée pour vingt ans au sieur Feuillant, par l'arrêt du 7 juin 1785, concession simplement confirmée dans les mains du sieur Lesecq, sans prorogation, expire le 7 juin 1805.

Le sieur Lesecq se pourvoit immédiatement pour en obtenir le renouvellement.

Le sieur Lamothe aîné, de son côté, forme même demande pour sa concession de 1786, laquelle n'ayant que dix-huit ans de durée, était expirée dès 1804.

Les prétentions des deux demandeurs rivaux et voisins, intéressés l'un et l'autre à s'agrandir dans la délimitation définitive qui allait avoir lieu, ne pouvaient manquer de se heurter.

Une longue polémique s'engage par-devant l'administration des mines, entre les exploitants des mines des Barthes et de Grigues (1), sur les limites respectives à leur assigner, et principalement à l'occasion du territoire de Fondary, objet de la convoitise de l'un et de l'autre.

Deux mémoires imprimés en 1807 par les parties, et où sont longuement exposés et discutés leurs droits et titres, relatent les prétentions et dires respectifs des deux concur-

____

(1) Le sieur Lamothe aîné abandonna, vers 1804, par suite d'un incendie considérable, la mine de la Taupe, et porta l'exploitation sur la mine de Grigues, dont les travaux ne s'étaient point rouverts depuis l'abandon, en 1736, par la compagnie de Paris.

rents, le sieur Lesecq et le sieur Lamothe aîné, ou, plus exactement, son frère, le sieur Lamothe jeune, pour lors préfet de la Haute-Loire, et qui, par acquisition du mois de janvier 1806, avait désintéressé le sieur Lamothe aîné, dans l'exploitation des mines de Grigues et la Taupe, comme il l'avait précédemment fait pour celles du Grosménil, et réunissait depuis, dans ses mains, ces diverses exploitations.

Cependant une nouvelle législation, celle qu'a sanctionnée la loi du 21 avril 1810, s'élaborait. Dans l'attente de cette législation, l'administration dut surseoir et sursit à tout jugement entre les deux exploitants rivaux des mines de Grigues et des Barthes.

La lutte ne s'en poursuivit pas moins entre eux industriellement; la concurrence de leurs établissements avait amené, dès 1807, une baisse de trente pour cent dans le prix des charbons. Cette concurrence, encore accrue par le développement des exploitations de la Combelle et de Charbonnier, dans la partie nord du bassin, ne pouvait se terminer que par la ruine de l'un ou de l'autre établissement, ou même des deux établissements à la fois.

C'est ce dernier cas qui se réalisa.

Dès 1810, les mines et propriétés du sieur de Lamothe jeune passent, par un concordat, aux mains de ses créanciers qui en poursuivent l'exploitation sous la direction du sieur Richard, ancien gérant du sieur Lamothe.

A la même époque, en 1811, les mines des Barthes sont régies par les syndics à la faillite Lesecq, sous la direction du sieur Lesecq fils.

Cette double gestion par syndics, des mines et propriétés des deux exploitants, a pour prompts résultats d'achever leur ruine et de déterminer l'abandon des mines de Grigues et des Barthes.

La première de ces mines (Grigues) est abandonnée, dès 1811, sous le prétexte, plus ou moins fondé, de son envahissement par le feu, mais, on peut le présumer aussi, dans le but d'avilir le gage aux mains des créanciers.

La mine des Barthes est abandonnée l'année suivante, 1812, par suite de l'écroulement de son puits principal d'extraction.

Toute exploitation cessant, et les titres de concession, en vertu desquels elles subsistaient, étant d'ailleurs expirés sans avoir été renouvelés, les mines du Feu, des Barthes, de la Taupe, de Grigues, et toutes autres relevant de la concession de 1785, au sieur

Lamothe aîné, et du décret impérial du 19 brumaire an XIII, portant concession au sieur Lesecq, restent libres de tous droits, et rentrent dans le domaine public.

Les propriétés du sieur Lesecq (la terre des Barthes et dépendances), sont d'ailleurs, par-devant le tribunal de la Seine, le 31 mars 1813, acquises à l'adjudication par le sieur Guillaume Sadourny, exploitant des mines de la Combelle, et les propriétés et mines du sieur Lamothe jeune (mines réduites à celle du Grosménil) sont également vendues à l'enchère vers 1815, et achetées à vil prix par le sieur Richard, ancien directeur de ces mines.

Pendant que se livre, entre les deux exploitants de la Haute-Loire, sieurs Lesecq et Lamothe, la lutte mortelle dont nous venons de voir les résultats, deux exploitations protégées contre la concurrence par la qualité, par la spécialité de leurs houilles, grandissent dans la partie nord du bassin, dans la partie dépendant du Puy-de-Dôme.

Ce sont les mines de Charbonnier et de la Combelle.

Dès l'an XII (16 pluviôse), le sieur Denier, propriétaire dans la commune de Charbonnier, avait formé la demande en concession des mines de houille de cette commune, déjà exploitées à une époque très-ancienne, mais qui, pour lors et depuis long-temps, étaient abandonnées.

Sur l'avis de l'ingénieur en chef Laverrière, une permission provisoire, seulement, est accordée, le 2S fructidor an xii, jusqu'à exécution de divers travaux d'art prescrits pour reconnaître et préparer le gîte exploitable.

Ces travaux exécutés, le sieur Denier demande, en 1808, une concession définitive.

On s'occupait déjà de la nouvelle législation sur les mines, et cette demande eut le sort de celle en renouvellement des Barthes et des Grigues ; il fut sursis à la concession ; mais nonobstant l'exploitation de Charbonnier se poursuivit, et, en enlevant aux mines de la Haute-Loire le débouché des fours à chaux que lui assurait sa nature spéciale d'anthracite, elle dut leur porter un préjudice notable.

Quant à la mine de la Combelle, acquise comme nous l'avons vu, du sieur Feuillant par le sieur Guillaume Sadourny, ainsi que tous ses droits dans le Puy-de-Dôme, son exploitation protégée par la qualité spéciale de la houille pour les petits foyers, notam-

1809.
Pose de la première machine à vapeur, dans le bassin houiller de Brassac.

ment la serrurerie, la coutellerie, prend, en 1809, une nouvelle importance par la pose d'une machine à vapeur, la première qui ait fonctionné dans le bassin houiller.

C'est à M. Sadourny fils, actuellement exploitant, propriétaire des mines de la Combelle, qu'appartient l'honneur de l'importation, dans le bassin de Brassac, de la machine à vapeur; moteur dont l'introduction, en Auvergne, bien que son application première aux mines remonte à l'année 1700, n'en présentait pas moins les graves difficultés attachées à toute innovation.

Le développement de ces deux exploitations doit être compté parmi les causes nombreuses qui amenèrent la ruine des deux exploitants de la Haute-Loire, sieurs Lesecq et Lamothe jeune, et explique, avec le triste état du commerce pendant les désastreuses dernières années de l'empire, l'abandon prolongé des mines de la Taupe, Grigues, le Feu et les Barthes.

Cependant la paix survient, l'industrie renaît, et les trois exploitations de Grosménil, la Combelle, Charbonnier, les seules en activité, se trouvent tout à coup, par leur petit nombre et par l'accroissement des besoins, dans les circonstances commerciales

les plus favorables. Le sieur Richard , notamment, réalise, dans l'exploitation des mines du Grosménil, les plus importantes du bassin, une rapide fortune.

Cette prospérité passagère de l'industrie houillère ne peut manquer de faire surgir de nouvelles exploitations dans le bassin.

Dès 1817, le sieur Guillaume Sadourny entreprend, dans sa propriété des Barthes, de nouveaux travaux, au lieu dit Bouzor, près la Leuge, sur le prolongement nord des couches du Feu ; ces travaux toutefois ne commencent à être productifs qu'en 1818.

Mais, à cette époque, la reprise d'une mine plus importante se prépare.

La famille de Brassac se pourvoit, en 1818, par-devant l'administration, pour obtenir, conformément à la loi du 21 avril 1810 , la concession des mines abandonnées de la Taupe et Grigues, existant dans ses propriétés. Une ordonnance royale, du 13 septembre 1820 , faisant droit à cette demande , concède au sieur Dapchier et associés, sous le nom de concession de Grigues et la Taupe , une surface de 504 hectares, occupant l'extrémité sud-est du bassin houiller.

C'est la première concession à perpétuité délivrée sous l'empire de la loi de 1810, dans le bassin, où le seul exploitant, alors muni d'un titre régulier, était celui du Grosménil, dont la concession temporaire, non périmée en 1810, se trouva, par le seul fait de la promulgation de la loi du 21 avril 1810, transformée en titre perpétuel.

La même année 1820, une ordonnance royale du 10 octobre concède au sieur Guillaume Sadourny, dont le titre est expiré depuis 1806, sous le nom de concession de Celle et Combelle, la partie septentrionale du bassin, sur une étendue de 13 kilomètres carrés.

Cette double application de la loi de 1810 ne tarde point à porter ses fruits.

Dès l'année suivante, 1821, l'importante mine de la Taupe, abandonnée depuis 1804, est remise en activité par deux exploitants du pays, sieurs Terrasse et Gannat.

La même année, le sieur Guillaume Sadourny, concessionnaire de la Combelle, développe et complète le système d'exploitation de cette mine, parvenue à 190 mètres de profondeur par la pose d'une seconde machine à vapeur.

Par suite de ce développement de l'exploitation de la Combelle, de la reprise de la mine de la Taupe, et de l'extraction assez considérable de la mine de Bouzor, et puis du Feu même, où les travaux sont reportés en 1822 ; par suite aussi de l'activité soutenue du Grosménil et encore de Charbonnier, dont le titre est enfin régularisé par une ordonnance de concession du 22 janvier 1823, la production du bassin houiller est portée à un chiffre qu'elle n'avait point encore atteint jusque-là, à 600,000 hectolitres au moins.

Cette exubérance de produits ne tarda pas à amener, dans le prix de la houille, une dépréciation notable dont se durent ressentir, des premières, vu les circonstances difficiles de l'exploitation, les mines du Grosménil.

Les travaux de ces mines, parvenus à la profondeur de 140 et 190 mètres, exigeaient impérieusement la substitution aux chevaux jusque-là employés, d'un moteur plus puissant et plus économique. Néanmoins tel était encore l'état des choses lorsque, par la mort imprévue du sieur Richard, les établissements du Grosménil passent, en 1823, aux mains de son légataire universel, M. Auguste Lamothe, fils de leur ancien propriétaire.

En présence d'établissements rivaux ou moins profonds, comme Charbonnier, la Taupe, ou mieux organisés, comme la Combelle qui disposait de deux machines à vapeur, le Grosménil ne pouvait subsister qu'à la condition d'une réforme radicale de ses moyens d'exploitation; mais les dépenses à faire étaient telles, qu'une compagnie seule les pouvait entreprendre.

1826.
Premier emploi des chemins de fer à l'intérieur, dans les mines de Brassac.

Dans ce but s'organise, en 1824, une première société, la société Justinien Olive et Cie, qui bientôt, elle-même, après de grandes dépenses, pour le fonçage à 130 mètres de deux puits principaux, et la pose, sur l'un d'eux, d'une machine à vapeur, en avril 1825, reculant devant de nouveaux sacrifices, fait place, le 1er septembre 1825, à une seconde société plus puissante, la société de Fontaine, Barthe, Lamothe et Cie. Sous cette société se complètent les grands travaux préparatoires commencés par la société Justinien Olive et Cie; les nouveaux puits déjà foncés par cette société, à 130 mètres de profondeur, sont poussés avec activité pour aller prendre la couche du Grosménil, à la profondeur de 200 à 220 mètres. Le mode d'abattage est perfectionné par l'emploi, à grands frais, d'ouvriers appelés de Saint-Etienne; des chemins de fer intérieurs, les premiers employés dans les mines de Brassac, sont établis dans les travaux.

Par suite de ces travaux, les mines du Grosménil se trouvent montées sur une échelle grandiose, et trois grands puits d'extraction, de 198, 200 et 220 mètres, peuvent fonctionner à la fois en 1827.

Mais les circonstances à la faveur desquelles avait prospéré le Grosménil, de 1813 à 1820, et sous l'influence desquelles avait pu se former la société de Fontaine, Barthe et Cie, acquérant de la société Justinien Olive, au prix énorme de 800,000 fr., les mines du Grosménil, que cette dernière avait achetées 400,000 fr. seulement, et qu'elle-même ne devait revendre que 300,000 fr., après y avoir enfoui de considérables capitaux, n'existaient plus.

Une concurrence croissante avait fait baisser le prix des charbons, et augmenter le prix des salaires et des matières premières, notamment des bois.

La délivrance, par ordonnance royale du 23 juin 1827, de trois nouvelles concessions :

1°. La Pemde, Mège-Coste et l'Orme, aux sieurs Denier frères, Senèze frères et Cadoudal.

2°. Fondary, aux sieurs Borne et Gannat.

3°. Armois, au sieur comte de Laizer et Cie.

Les travaux, immédiatement commencés

par les compagnies concessionnaires, étaient loin de présager un meilleur avenir.

L'inondation d'une partie des mines par les pluies extraordinaires de l'année 1827, le feu qui se déclare cette même année dans les travaux du Grosménil, achèvent de rembrunir le tableau.

La riche compagnie de Fontaine, Barthe, etc., désillusionnée et lassée des sacrifices déjà faits, se liquide en 1828, et rétrocède ses établissements à M. Auguste Lamothe, l'un de ses co-intéressés.

Dans des mains aussi habiles, et après tant de sacrifices faits par les deux compagnies qui venaient de se succéder, le Grosménil devait prospérer, et forcément devaient succomber, dans la lutte née de l'ouverture d'un nombre de mines hors de proportion avec les débouchés, les exploitations pauvres de moyens mécaniques et de capitaux.

C'est le sort qu'éprouve la première, la mine de la Taupe.

En mai 1828, elle est abandonnée par ses exploitants, les sieurs Terrasse et Gannat (1).

---

(1) Les progrès du feu qui s'était déclaré depuis un an dans l'un des puits (le puits de la Forge), concoururent avec les circonstances commerciales à cet abandon.

La mine du Feu, dès l'année précédente 1827, avait aussi été abandonnée pour cause du feu et de la profondeur des travaux (1), mais une nouvelle recherche sur un autre point, dit les Airs, l'avait remplacée.

La situation du bassin houiller est, d'après ce, en 1829, telle que ci-après :

Grosménil, en grande activité; on y pose une seconde machine à vapeur.

La Combelle, en exploitation.

Fondary,   *idem.*

Charbonnier,   *idem.*

Les Airs,   *idem.*

Mège-Coste, en travaux préparatoires, que contrarie la grande affluence des eaux ; la division se met, des procès s'élèvent entre les membres de la compagnie concessionnaire.

Armois, concession non encore fouillée.

La Taupe, mine abandonnée depuis mai 1828.

Le principal marché de ces exploitations, Paris, leur est disputé avec un avantage croissant par les houilles belges, dont l'achèvement des canaux du nord rend l'arrivage

-----

(1) L'ancienne mine du Feu (bois Chevalier), reprise vers 1822, à la profondeur de 160 mètres, était épuisée en 1827, jusqu'à la profondeur de 200 mètres.

dans la capitale de plus en plus facile, et cette concurrence redoutable devant laquelle force sera bientôt de plier, vient encore aggraver la position industrielle des mines d'Auvergne.

Cependant le partage en concession du bassin houiller s'achève. Une ordonnance du 11 février 1829 concède au sieur Sadourny aîné, les mines des Barthes, des Airs et du Feu, et une dernière ordonnance du 29 juillet même année, concède au sieur de Laizer, en augmentation de sa concession d'Armois, les dernières parties libres du terrain houiller, qui se trouve ainsi définitivement et irrévocablement divisé en huit concessions.

La lutte se poursuit dans le bassin avec plus d'acharnement que jamais.

Les mines de Mège-Coste passent, le 1er décembre 1829, aux mains d'une riche compagnie de Lyon.

Par l'application de capitaux considérables, par une direction bien entendue, par la pose, en 1830, d'une machine à vapeur, par l'emploi de chemins de fer à l'intérieur, et par l'exécution, en 1833, d'un chemin de fer extérieur jusqu'à l'Allier, ces mines prennent place parmi les exploitations de premier ordre avec le Grosménil et la Combelle, dont des chemins de fer intérieurs viennent, en 1834, compléter la partie d'art.

Dès lors, il n'y a plus de possibles que ces trois exploitations, appuyées de grands capitaux et desservies par des chemins de fer et des machines à vapeur ; et toutes les mines du second ordre que caractérisent assez bien l'abattage à la pioche, le transport à dos d'hommes, et l'extraction par chevaux, ont dû disparaître de la lutte, et c'est en effet ce qui est arrivé.

Dès décembre 1830, l'exploitation des Airs (concession des Barthes) est suspendue.

Les travaux reportés sur le prolongement sud de la couche du Feu (même concession), après recherches infructueuses, cessent totalement en mai 1834.

Les mines de la Taupe et Grigues restent abandonnées. Même quelques petites fouilles sans importance aucune, entreprises sur les anciens piliers laissés à la crête de la couche de la Taupe, cessent entièrement en février 1834.

Les mines de Fondary, bien que dans des circonstances de gisement moins défavorables, succombent elles-mêmes dans la lutte.

La ruine de leur exploitant consommée, les travaux se ferment en mai 1834.

Quant à Armois, il n'y est pas même fait de tentatives sérieuses d'exploitation ; inactivité qu'explique le peu de puissance des couches de cette concession, et l'état des circonstances commerciales.

Charbonnier, grâces à la sage économie qui préside à son exploitation, grâces à la spécialité de sa houille pour les fours à chaux, se soutient seule, mais ce n'est encore qu'à la condition de restreindre d'une manière notable sa production.

Ainsi, sauf Charbonnier, disparaissent de la lutte toutes les exploitations du second ordre.

Et sur les huit concessions embrassant tout le terrain houiller, nous n'en trouvons, en 1835, que quatre en activité.

Savoir :

Le Grosménil. — Travaux parvenus à 250 mètres de profondeur, et desservis par deux machines à vapeur. — Produisant annuellement 200 à 250,000 hectolitres.

Mège-Coste. — Travaux parvenus à 90 mètres, desservis par une machine à vapeur.

La Combelle. — Travaux parvenus à 200 mètres, desservis par 2 machines à vapeur.

— Produisant chacune de 100 à 150,000 hectolitres.

EtCharbonnier.—Travaux parvenus à 120
mètres, desservis par chevaux. — Extrayant
au plus 50,000 hectolitres.

En tout 5 à 600,000 hectolitres, dont à peu
près 100,000 se vendent au détail sur le carreau
des mines, et 4 à 500,000 s'expédient par
l'Allier, et se consomment sur le littoral de
l'Allier, de la Loire et canaux aboutissants,
jusques et compris Angers et Paris, les points
extrêmes du marché.

La situation du bassin houiller est présen- **1836.**
tement, en 1836, à très-peu de chose près
la même.

Seulement Fondary, acquis aux enchères
par M. Auguste Lamothe, s'est rouvert
comme annexe du Grosménil.

Et Mège-Coste s'est créé pour ses menus,
d'un difficile placement, une consommation
locale, par l'érection sur les lieux de ver-
reries qui paraissent devoir prendre un grand
développement.

Du reste, les conditions générales de la
production houillère n'ont point changé,
et ne paraissent pas devoir de long-temps
changer.

Clermont, Impr. de Thibaud-Landriot et Cie.